身边的科学真好玩

奇妙的睡眠

You Wouldn't Want to Live Without Sleep!

第3辑

U0396071

[英] 吉姆·派普 文
[英] 马克·柏金 图
高 伟 李芝颖 译

时代出版传媒股份有限公司
安徽科学技术出版社

[皖] 版贸登记号:12151556

图书在版编目(CIP)数据

奇妙的睡眠/(英)派普文;(英)柏金图;高伟,李芝颖译.
--合肥:安徽科学技术出版社,2016.10(2020.9 重印)
(身边的科学真好玩)
ISBN 978-7-5337-6967-3

Ⅰ.①奇… Ⅱ.①派…②柏…③高…④李…
Ⅲ.①睡眠-儿童读物 Ⅳ.①Q428-49

中国版本图书馆 CIP 数据核字(2016)第 090090 号

奇妙的睡眠 [英]吉姆·派普 文 [英]马克·柏金 图 高 伟 李芝颖 译

出 版 人:丁凌云 选题策划:张 雯 责任编辑:张 雯
责任校对:张 枫 责任印制:廖小青 封面设计:武 迪
出版发行:时代出版传媒股份有限公司 http://www.press-mart.com
安徽科学技术出版社 http://www.ahstp.net
(合肥市政务文化新区翡翠路 1118 号出版传媒广场,邮编:230071)
电话:(0551)63533330
印 制:合肥华云印务有限责任公司 电话:(0551)63418899
(如发现印装质量问题,影响阅读,请与印刷厂商联系调换)

开本:787×1092 1/16 印张:2.5 字数:40 千
版次:2020 年 9 月第 4 次印刷

ISBN 978-7-5337-6967-3 定价:15.00 元

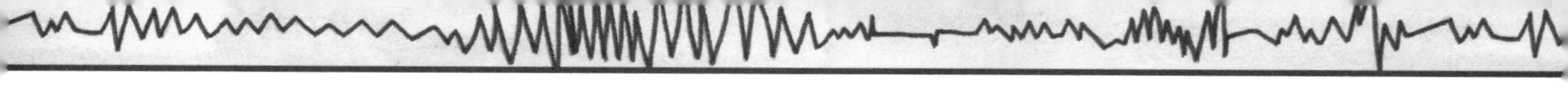

睡眠大事年表

公元前2700年

古埃及贵族把床放进坟墓，以便身后也能在晚上睡个好觉。

公元前1500年

古波斯人发明了水床，水床是把水灌入山羊皮袋做成的。

公元前800年

古希腊人的床就像长沙发，既能供人躺卧，又能用来吃饭！

公元前350年

古希腊哲学家亚里士多德提出睡眠学说，将睡眠时间描述为体能恢复时间。

公元100年

罗马有些床打造得很高，人们需要走数步台阶才能上床。

19世纪

在工业革命期间，生产出了第一批简单的铁床。

1867年

法国德理文侯爵出版了一本书，内容包括对梦的解析以及如何引导梦境。

1899年

意大利科学家德·桑克蒂斯断定，动物和人一样会做梦。

1925年

世界首个睡眠实验室在美国芝加哥大学设立。

20世纪50年代

科学家发现，睡眠包含不同阶段形成的周期，这种周期一晚上会重复四五次。

1868年

德国精神病学家威廉·格利辛格发现，人们做梦的时候眼皮会颤动，这表明睡眠时大脑处于活跃状态。

1912年

美国医生西德尼·罗素发明了第一张电热毯。

1929年

德国人汉斯·伯杰发明了脑电图仪（EEG）记录脑电波，它还可以记录人们睡眠期间大脑活动的变化。

2013年

美国国家航空航天局（NASA）开出1.8万美元的高薪雇人，受雇人只需要在床上躺70天就成。该实验旨在了解宇航员的身体在长途太空飞行时会出现什么情况。

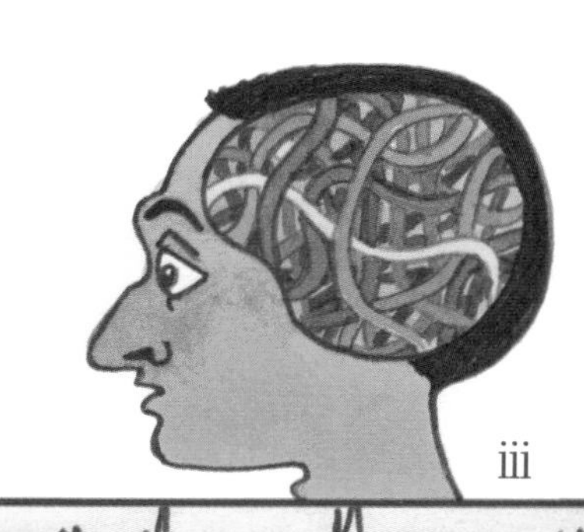

睡觉时我们的身体会怎样？

呼吸方式会改变，呼吸会变缓，更有规律。

肾脏的代谢会变慢，身体产生的尿液也会变少。

体温下降，在快速眼动睡眠阶段的体温为最低。

生长激素这种化学物质会被释放到血液中。孩子在睡觉时长身体，成年人则在睡觉时修复细胞。

压力激素在睡觉时开始下降，有助我们放松，但人醒来后压力激素又会开始上升。

睡觉时，大脑仍然处于活跃状态。在快速眼动睡眠阶段，大脑甚至比我们清醒时还活跃！

在快速眼动睡眠阶段，我们会心跳加快、血压上升。

在睡眠周期的任何阶段里，我们都有可能做梦，但处于快速眼动睡眠阶段时，做梦最频繁。

有的人在睡觉时会咬紧牙齿或磨牙，这种行为被称为磨牙症。

如果一个人的喉咙或鼻子中软组织太多，就会打呼噜。通常男人比女人更容易打呼噜，因为他们的呼吸道要窄一些。随着年龄增长，呼吸道通常会变窄，这便是老年人打呼噜常常特别严重的原因！

作者简介

作者：

吉姆·派普，曾在英国牛津大学学习古代史和现代史，在成为全职作家之前曾从事出版业10年。他已创作出数部非小说类儿童读物，其作品多是历史主题。他与妻儿现居爱尔兰都柏林。

插图画家：

马克·柏金，1961年出生于英国的黑斯廷斯市，曾就读于伊斯特本艺术学院。他自1983年以后专门从事历史重构以及航空航海方面的研究。他与妻子和三个孩子住在英国的贝克斯希尔。

目　录

导　读

我们都有过睁不开眼、只想睡觉的经历。现在想象一下晚上没睡好觉的感受吧！这会直接导致我们身体疲乏、头脑混沌，更糟糕的是，还会让我们性情暴躁、行为乖张！

我们都知道睡眠是怎么回事：一个人躺着或靠在椅子里，闭着双眼，呼吸舒缓、节奏规律。大多数人一生的三分之一时间都是在睡眠中度过的，大约等于25年，甚至更久！可我们并不真正明白自己需要睡眠的原因。我们有时会做奇怪的梦，例如被人追赶或是陷在流沙里，要怎样解释它们呢？科学家曾断言，适当的舒适睡眠是我们健康和快乐的基石。继续读下去吧，你会了解睡眠的益处，也会知道自己在生活中为什么离不开它！

当今世界到处都是电灯、各种24小时服务，以及社交媒体，于是很多人都没能拥有足够的睡眠。成年人一般晚上只睡7小时或更少，可与人类最相似的黑猩猩每晚却会睡9~10小时。我们是不是在犯错呢？

不可思议的睡眠世界

我们都熟知睡眠这件事，但睡眠本身其实相当奇特，令人难以置信。我们的身体休息时，心脏跳动减慢，可大脑中仍然充满脑电波和化学活动。我们永远无法知道入睡那一刻是什么时候；对于做过的梦，也只能记得很少一部分；一个清醒的人即使躺在我们身边，也不知道我们在想什么。睡眠对于科学家而言也是很神秘的事情：一个动物是睡着了，还是一动不动地躺着，这有时很难辨别！

很多动物倾向于一次睡比较长的时间，人类便是如此。有些动物却喜欢多睡几次，每次睡一小会儿。无论是哪种睡眠方式，入睡的动物对光和声音的感觉会变得迟钝，其他感觉也是如此。睡觉很沉的人几乎不会被吵醒，因为他们的大脑善于屏蔽噪声，而睡觉很浅的人常常会因为细微的声响就醒了。

睡得好吧？
我觉得有些兴奋！

要确定一个哺乳动物是不是真的睡着了，有一个**最好的方法**，那就是监测其大脑中脑电波的活动方式。处在沉睡状态中，数十亿独立的神经细胞会协调一致地工作，产生一波又一波极小的电压。脑电图仪可以监测到这种情形。脑电图仪是放在头皮上的一套电极，最初由德国科学家汉斯·伯格在1929年发明的。

原来如此！
安全感是一夜好睡的基本要素。也许这便是我们常常把床安置在楼上的缘故，有点像猩猩在树上造窝一样。

白天了？
嗯！白天了！

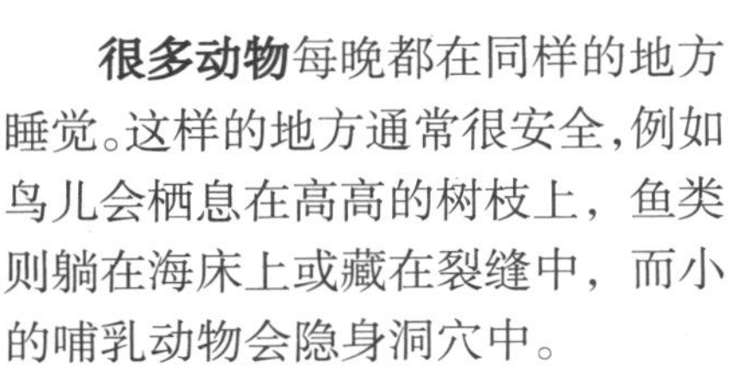

晚上见！

动物睡觉的方式各有不同，但所有动物在睡觉时都倾向于静止不动。树懒和蝙蝠是在树枝上倒挂着睡觉，很多鸟类则是一只脚站着睡觉！

处于睡眠状态时，我们的肌肉会放松。为了避免人体倒下，大脑会阻止我们在站立时睡觉，只有躺倒才能入睡。观察一下坐火车打瞌睡的人，他们的头会往下垂，可很快脑电波又让他们醒过来！

很多动物每晚都在同样的地方睡觉。这样的地方通常很安全，例如鸟儿会栖息在高高的树枝上，鱼类则躺在海床上或藏在裂缝中，而小的哺乳动物会隐身洞穴中。

岩礁鱼类双带海猪鱼（右图）是世界上睡得最沉的动物之一。它藏在沙子里睡觉时，即使我们用手把它举到水面上，它也照样酣睡不醒。

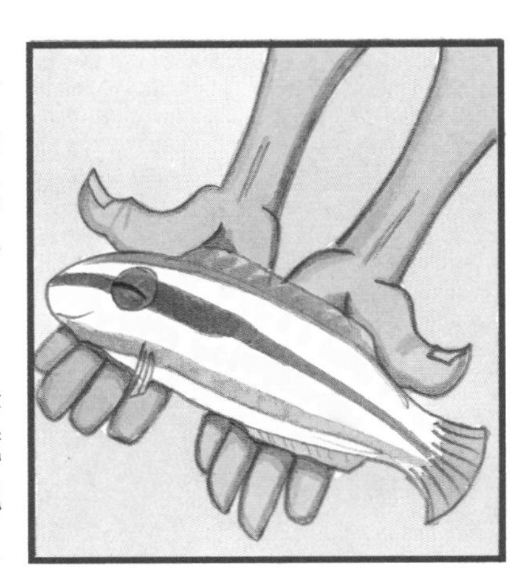

我们真的必须睡觉吗？

几乎所有的动物都要睡觉,但也有一些特别情形，例如蟑螂和迁徙候鸟，它们越长时间不睡觉，需要的睡眠则越多。然而,动物究竟为什么需要睡觉呢？在难以发现食物或附近有捕食者徘徊时，睡觉可以节省体力。数百万年来,动物经过进化,头脑和身体已经可以从睡眠中获得其他益处，例如，促进身体生长的化学物质大部分是在我们睡眠时释放的，这也是睡眠对幼儿和青少年极其重要的原因。

我们需要睡眠的原因**很难**用简单几句话说明白。有一种说法是,你在睡觉时可以好好休息，这使你体内的细胞有机会得到修复。可实际上,在睡眠的某个阶段，人类的大脑比醒着时还要活跃!

小动物每天必须吃掉身体重量一半的食物才能存活，例如老鼠和鼩鼱便是如此。因此，对它们而言，找不到食物的时候，睡觉便能节省体力。

尝试一下！

对拥有大脑袋的动物而言，例如人类，睡眠有助提高批判性思维能力和解决问题的能力。在测试中发现，一个人如果前一晚睡了个好觉，那么他理解新思想和接受新工作的能力会提高3倍。

大型动物在睡眠中只能储蓄很少一点儿能量，例如人或是马便是如此。有时你一整天都躺在沙发上，或睡在床上，可仍然会觉得疲倦，这便是原因所在了！

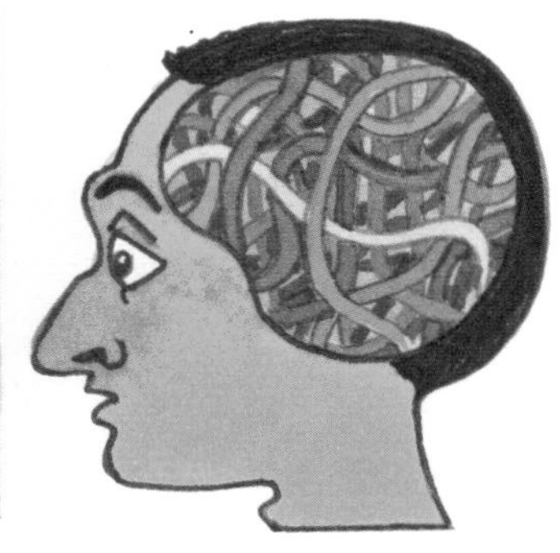

冬眠也叫冬蛰，是指某些动物在冬季时生命活动处于极度降低的状态。这是一种沉睡形式，能让熊和松鼠这样的动物只吃一点儿，甚至不吃食物熬过冬天。动物冬眠时，体温下降，呼吸减缓。

还有一种理论认为，我们睡觉时，大脑会把当天获得的信息进行分类整理，以确定保存哪些信息以及它们的保存位置。

一般来说，**蜗牛**会断断续续地睡14小时，随后在30小时里保持清醒状态。科学家认为，蜗牛不需要有规律的睡眠，因为它们几乎不动脑筋！沙漠蜗牛甚至可以连续冬眠3年多。

如何保持清醒？

动物拥有一些奇异的睡觉方式，有的动物会让半边大脑停止工作，以便打盹很多次，这被称为微睡眠。海豚便是这样，如果它们在水下熟睡，就会淹死，于是它们的左右大脑就轮流睡觉，过1~3小时交换。海狗在海上时也是如此，它们漂浮在水面，用一只鳍划水，保持身体平衡。很多鸟也是闭着一只眼打盹，让半个大脑睡觉。

现在，人们通常一口气睡整晚在15世纪，意大利发明家和艺术列奥纳多·达·芬奇却与众不同。一天大约只睡2小时，而且是每4小时有效地打盹20分钟就够了。些人也会模仿这种睡眠模式，例宇航员、单人帆船赛手、在敌后执任务的士兵等，这通常是因为长间熟睡太危险了。

列奥纳多的习惯鼓励了他几位著名思想家，例如托斯·爱迪生和尼古拉·特斯拉，们也是每天只睡2小时。从理上来说，这种睡眠模式能让人生中多出20年的清醒时间！

查尔斯·林德伯格是首位孤身连续飞行越过大西洋的人，他极其害怕在飞行中入睡，于是尝试过扇自己耳光、闻散发恶臭的含氨胶囊等，但这些措施都没真正起作用。直到飞行24小时以后，他的“生物钟”告诉他已经是新的白昼，他才彻底变得清醒了！

重要提示！

现在有些公司为职工提供“睡眠舱”，让职工在午休时间能小睡一下。在中午的时候试着有效地打个盹，否则，尤其在下午2点左右，你的身体很自然地会觉得有点疲倦。

2005年，**艾伦·麦克阿瑟**打破纪录，用94天的时间独自完成环绕世界的航行。在航行中，她打盹891次。每一次打盹持续大约35分钟，每天的睡眠时间总共为5.5小时。有几次她清醒得很及时，正好能避过灾难！

印度河淡水豚几乎一直在游泳，因为它们需要时时保持警觉，躲避迅速移动的物体。它们一次睡1分钟，每天拥有成百上千次微睡眠，加在一起，它们每天大约睡7小时。

午后有效地打个盹，你在随后的时间里会变得更警觉、更有精力。在古罗马时期，吃饭后的有效打盹被视为奢侈之事：只有贵族和有钱人才能拥有这样的享受！

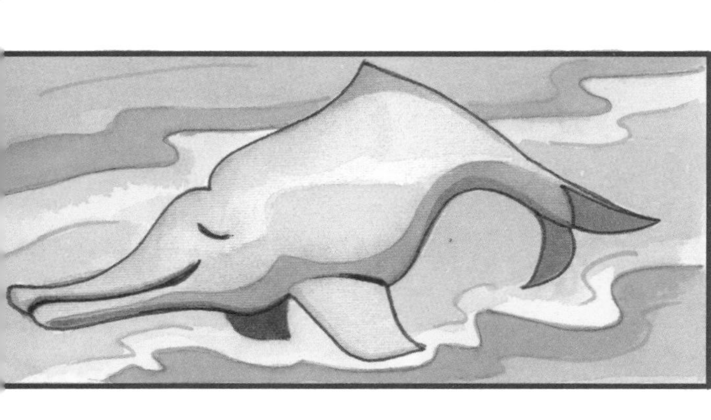

晚上有何事发生？

在**快速眼动**这个睡眠阶段，你的眼球在眼睑下快速转动，心跳和呼吸频率也会加快。此外，尽管你的大脑还很活跃，但很多肌肉可能保持静止不动。在这期间，你还有可能做栩栩如生的梦。

你的身体活动呈现24小时昼夜循环，称为昼夜节律。夜幕降临后，你很自然地会开始感觉困乏。即使外面仍然很明亮，身体里名叫褪黑素的化学物质也会让你觉得昏昏欲睡。你身体放松以后，褪黑素也会安静下来。这便是“睡眠之门”，这个时间你的身体做好准备要睡觉了。你入睡后，大脑并不是就此停工，它会经历几个睡眠阶段，在深度睡眠（眼球不再速动）和快速眼动睡眠阶段之间转换。这些阶段一起形成完整的睡眠周期。每个周期通常持续大约90分钟，在一夜的时间里重复4~6次。

让人难以置信的是，快速眼动睡眠是1952年才被发现的。当时，年轻的医科学生尤金·阿塞林斯基用一台脑电图仪监测自己儿子的睡眠。他发现，即使儿子很快就睡着了，仪器追踪到儿子的眼球仍然在转动，脑电波也在来回运动。

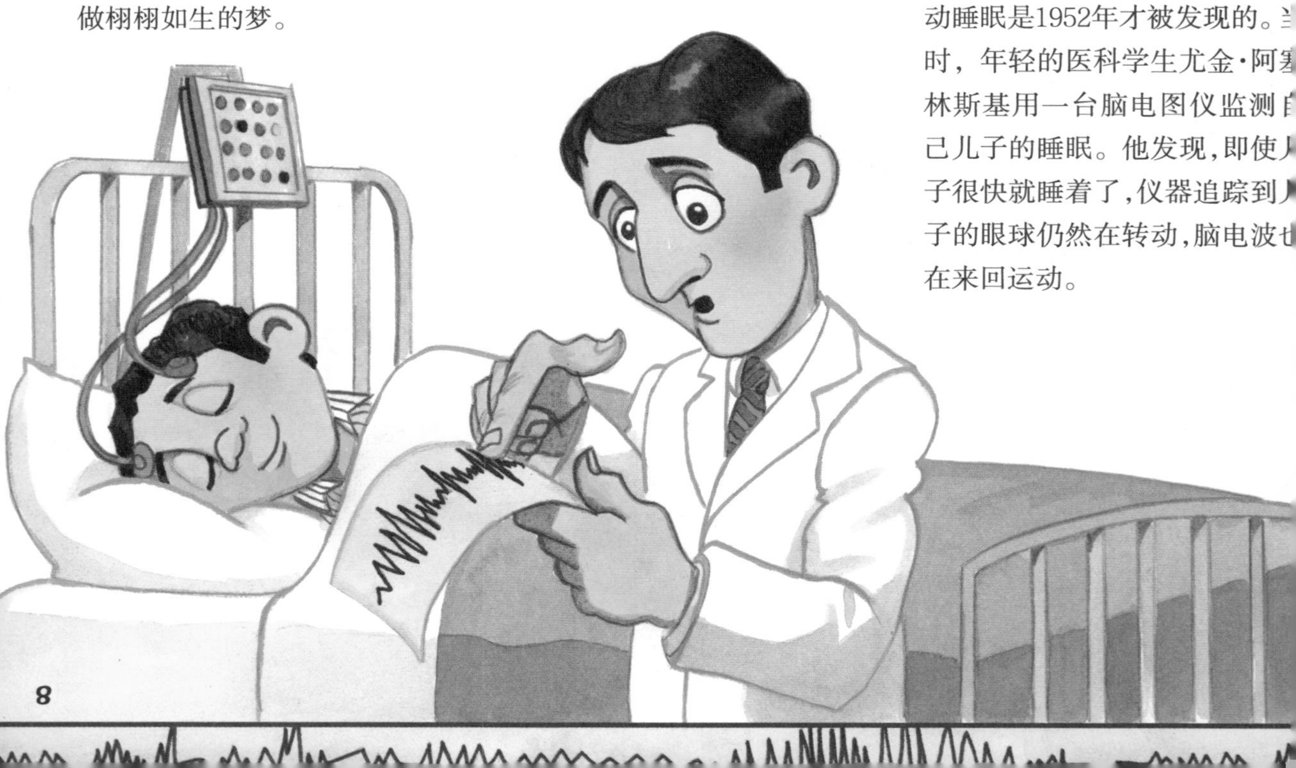

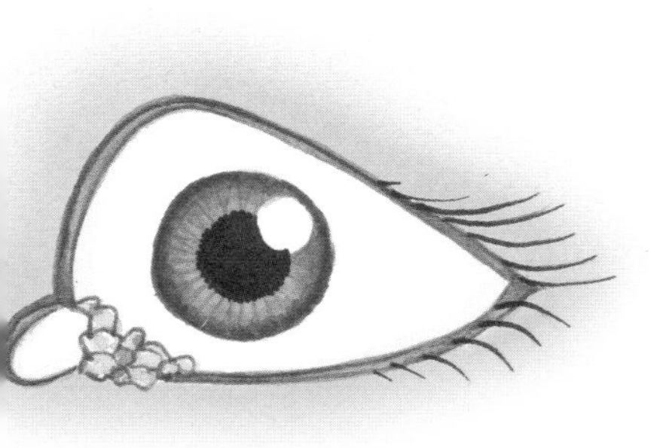

我们眼睛得到的“眼屎”是一种综合体，混
有灰尘、血细胞和皮肤细胞，再与眼睑周围
体渗出的黏液合在一起。在眼睛闭着时，黏
有助于将它们密封起来，让眼球保持湿润。

重要提示

在同一个晚上，你睡觉的姿势可能会改变30~40次，这便是双层床上铺需要加栏杆的原因！

睡眠周期

睡前阶段	2. 浅层睡眠阶段	3. 深度睡眠阶段	4. 极度沉睡阶段	5. 快速眼动睡眠阶段
眼睛已经闭上，但很容易觉醒。	真正睡眠的第一阶段。眼睛不再转动，心跳减缓，体温下降。	身体修复和再生细胞，增强骨骼和肌肉力量。	在这个阶段很难觉醒。	入睡后70~90分钟，脑电波运动速度加快，眼球迅速转动，大部分肌肉则是僵硬的。

美梦？

每晚我们都会有2小时在做梦，快速眼动睡眠阶段的梦最生动形象。梦里通常会有各种光以及一些声音，但几乎没有气味、味道或触感。梦境有可能非常逼真，激发很强烈的情感，会让你醒过来时感到害怕或是厌烦某人。美梦和噩梦都是梦，常常含有日常生活场景以及你很熟悉的人。事实上，做梦很像玩虚拟现实游戏，你在梦中做一些真实生活中从来不会做的事情。不过，对我们来说，大脑每晚玩这些游戏的原因，仍然是个谜团！

常见梦境

- 被追赶或袭击
- 受困
- 坠落或溺水
- 无法打电话或使用其他仪器
- 遭遇自然或人为灾难
- 考试表现差
- 公众场合下赤身裸体
- 失去家园
- 小车出问题
- 受伤或生病

几十年来，科学家一直在研究各种梦，但仍无人能确切解释我们是怎样做梦的，也不知道我们为何会做梦。一种说法是我们在梦中演习紧急状况下会做的事情，而另一种说法认为，做梦有助大脑把我们醒着时接受的一切东西进行分类整理。还有些人相信，做梦让大脑重放白天的各种情感，例如担心考试通不过。

你也能行！

据说做梦结束后过了15分钟，我们就会忘记90%的内容。如果你想记得更多梦中的内容，何不写梦境日记？一旦醒过来，马上就把记得的所有内容都记下来吧。

睡觉并不像关闭电灯开关一样。我们开始打盹时，或就在觉醒之前，常常处于半睡半醒状态。在这期间，我们有时会做一些奇怪而短小的梦，称为催眠梦。英国作家查尔斯·狄更斯常常根据这类梦的内容创作诗歌。

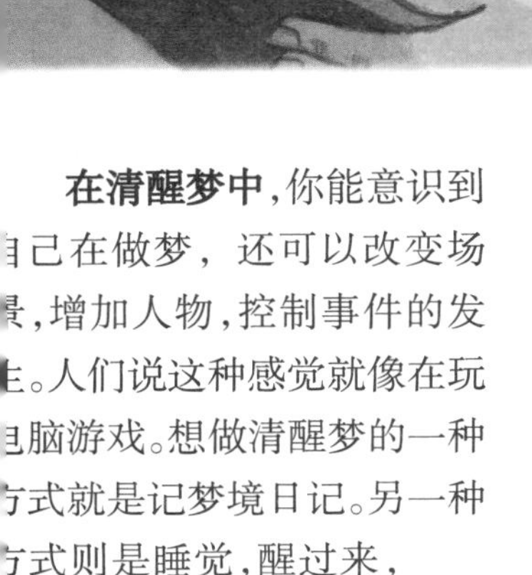

在清醒梦中，你能意识到自己在做梦，还可以改变场景，增加人物，控制事件的发生。人们说这种感觉就像在玩电脑游戏。想做清醒梦的一种方式就是记梦境日记。另一种方式则是睡觉，醒过来，然后又继续睡觉。

夜里有“鬼”！

有个办法可以阻止我们做噩梦，那就是不要看恐怖电影、不读恐怖书籍，尤其在睡觉前不要做这些事。把卧室门开着或是留点微弱的灯光，也有效果。

假如你做过噩梦，不用担心，你并不孤单。几乎每个人都有过做噩梦的经历——小孩如此，成年人也是这样。噩梦通常在快速眼动睡眠阶段出现，会让你感到恐惧或是烦恼，但这些梦不是真的，也不会伤害你。就像睡觉磨牙一样，打呼噜、辗转反侧、呻吟或是在梦中大笑，这些都是常见的事情。但有些人却挺不幸的，他们在梦中会做一些极端的事情：梦游，梦吃，或者有一些暴力行为，例如踢腿、从床上跳起来，或是扇身边人耳光。

重要提示

阻止打呼噜的一个有效方式是侧睡或俯睡；不要平躺着睡，因为地心引力会让你的舌头和其他软组织向喉咙方向下垂。

在你睡着后呼吸时，口腔后部、鼻子，或是喉咙中的软组织产生振动，便会发出**打呼噜**的声音。

苏格兰厨师罗伯特·伍德睡着后，常常起身去厨房炸薯条和煎饼。梦吃很危险，因为梦吃者经常去吃一些不同寻常或是生的食物，而且他们烹调食物时还有可能烧着或是割伤自己。

李·哈德温能在睡梦中创作奇异的艺术作品，他醒来后一点都记不得睡觉时画了什么，他曾经还把朋友家厨房的墙上都画满了涂鸦之作！

十几岁的雷切尔·瓦尔德梦游时，从离地8米高的卧室窗户跳下。她很幸运，地面是草坪，而且她的脚先着地。她的骨头也没有任何损伤，这可真令人惊奇！

死了……还是打盹？

德国发明家阿道夫·卡茨穆斯发明了安全棺材，为了测试其性能，他在地底下待了好几个小时，这段时间里他还吃了东西——通过一个管道送进棺材的腊肠和啤酒！有些棺材里有绳子与地面上的铃铛相连，万一“尸体”苏醒过来便能拉铃求救。

在18和19世纪，大量的人死于霍乱天花这样的疾病。尸体通常很快被埋葬了，于是医生就没有时间仔细检查病是真的死了，还是仅仅失去知觉而已。这就怪有很多人害怕睡着时被当成死人给埋了，连美国总统乔治·华盛顿也有过这样的担心于是，有人发明了“安全棺材”，放进这种棺的人如果醒过来便可以呼救。那段时期还有件可怕的事情，就是人们在黑暗中醒来时，会感觉有人或是其他东西坐在房间的衣柜上这种现象可能是睡眠麻痹引起的，很罕见，很短暂，但有这种感觉的人醒过来时，会觉肌肉僵硬无法动弹。

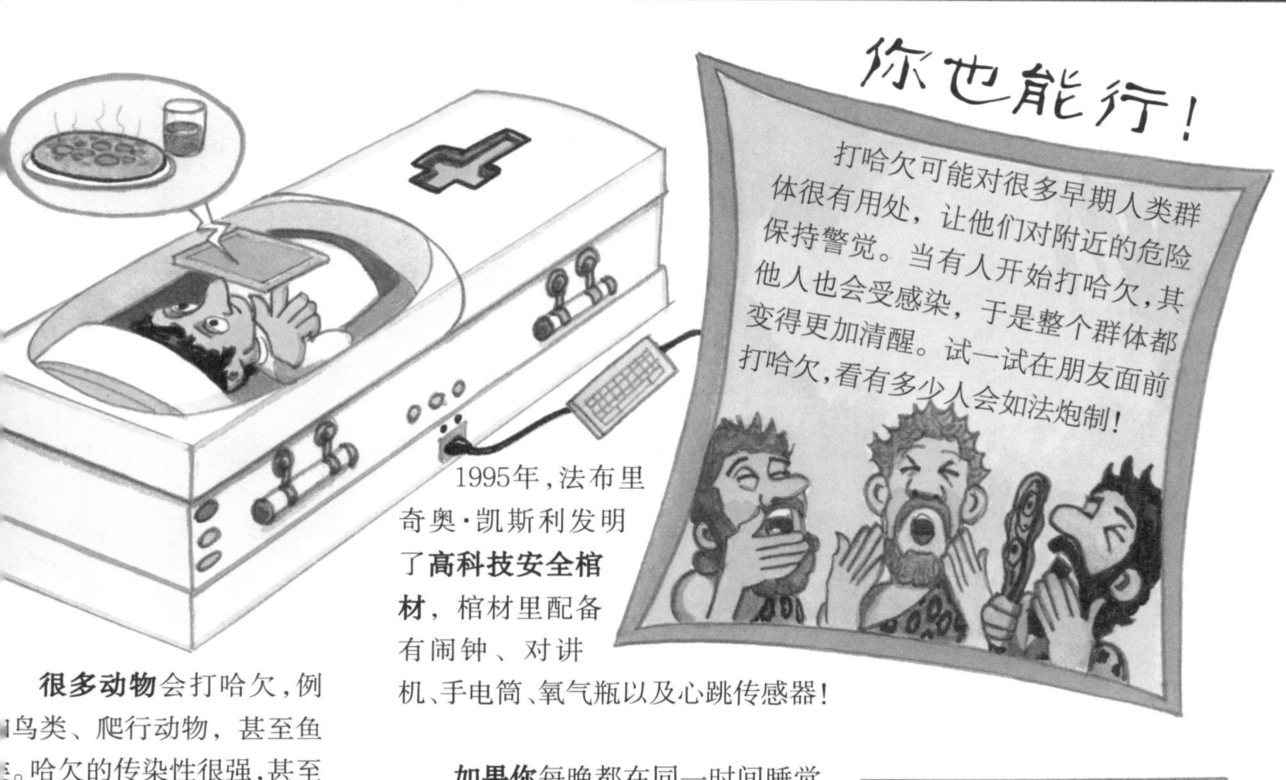

你也能行！

打哈欠可能对很多早期人类群体很有用处，让他们对附近的危险保持警觉。当有人开始打哈欠，其他人也会受感染，于是整个群体都变得更加清醒。试一试在朋友面前打哈欠，看有多少人会如法炮制！

1995年，法布里奇奥·凯斯利发明了**高科技安全棺材**，棺材里配备有闹钟、对讲机、手电筒、氧气瓶以及心跳传感器！

很多动物会打哈欠，例如鸟类、爬行动物，甚至鱼类。哈欠的传染性很强，甚至就是读到这样的字眼也会让人受感染！打哈欠可以帮助我们的大脑冷静下来，也可以帮助我们更清晰地思考。

如果你每晚都在同一时间睡觉，早上在同一时间清醒，身体就会在你需要苏醒前一个小时左右释放一种化学物质，这便是有些人常常在闹钟响前5分钟就已经苏醒的原因。

睡眠麻痹症是大脑中两种化学物质引起的，这些物质会让人肌肉麻痹，时间从几秒到十几分钟不等。中国人称这种现象为“鬼压床”，加拿大纽芬兰岛的人称其为“老巫婆”。

我们需要多少睡眠时间?

大部分成年人一夜需要7~9小时的睡眠时间，小孩的睡眠时间各有不同，不过年龄越小，时间则越长。我们都有自己的睡觉模式："百灵鸟"倾向于早睡早起，而"夜猫子"则是晚睡晚起。有件事你可能会很惊讶，历史上大部分时间里，人们都不是睡整夜的！在1879年托马斯·爱迪生发明电灯以前，人们是日落不久就上床睡觉，在床上待上10小时甚至更久。睡眠时间由两段组成，每段为4小时，中途会有2~3小时的清醒时间。

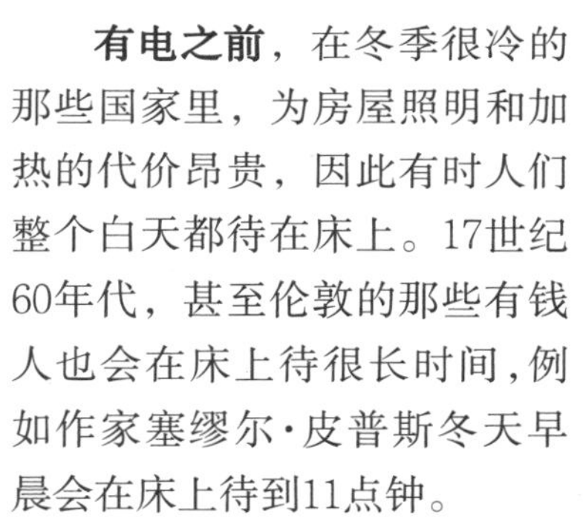

有电之前，在冬季很冷的那些国家里，为房屋照明和加热的代价昂贵，因此有时人们整个白天都待在床上。17世纪60年代，甚至伦敦的那些有钱人也会在床上待很长时间，例如作家塞缪尔·皮普斯冬天早晨会在床上待到11点钟。

最近有人做了一个**实验**，参加实验的志愿者住在一个光线昏暗的洞穴里，意识不到是白昼还是黑夜。他们很快就习惯于每天睡8小时，其间分为两个阶段，中途只是安静地休息，没有睡觉，就如同人类石器时代的祖先所为。

重要提示！
如果你半夜醒来，不要感到紧张，也不要有压力，像住在洞穴里的人那样做：暂时放松一下，然后继续睡觉！
我可不是早
的人！
我们休息一天吧！

如果你醒过来后，有一小时左右**走路都像僵尸**一样，头脑也昏昏沉沉的，那你可能受了睡眠惯性的影响。这时你身体的一部分仍然处于睡眠状态，于是即便是正常穿衣这种小事也会变得很棘手！

自古以来，人们就以7天为一周，每周休息一天或两天，休息日是补充睡眠的好时光。古罗马人尝试过一周为8天，结果发现效果很差。在那以后，很多民族都是以7天为一周。

没睡够有何后果？

如果你睡眠不足，自己可能注意不到，但其他人肯定会发现！即使少睡两三小时，也会让你变得脾气暴躁，注意力涣散。如果你只睡了几小时，你可能要费力才能记住一些事，或在繁忙的工作之间疲于奔命。你更容易与人发生争执，口齿不清，或做出危险决定，甚至产生幻觉。你有可能失去长期记忆，或"记住"实际上没有发生过的事情。如果你持续很长时间不睡觉，就会变得昏昏欲睡，进入微睡眠状态，有时会打盹5~10秒。如果一直不睡觉，你可能很快就走向死亡了。

即使你很健康，**睡眠不足**也能引起你部分大脑萎缩！通宵熬也会杀死脑细胞，而大脑细胞一受到伤害，即使在周末补觉也无修复它们。

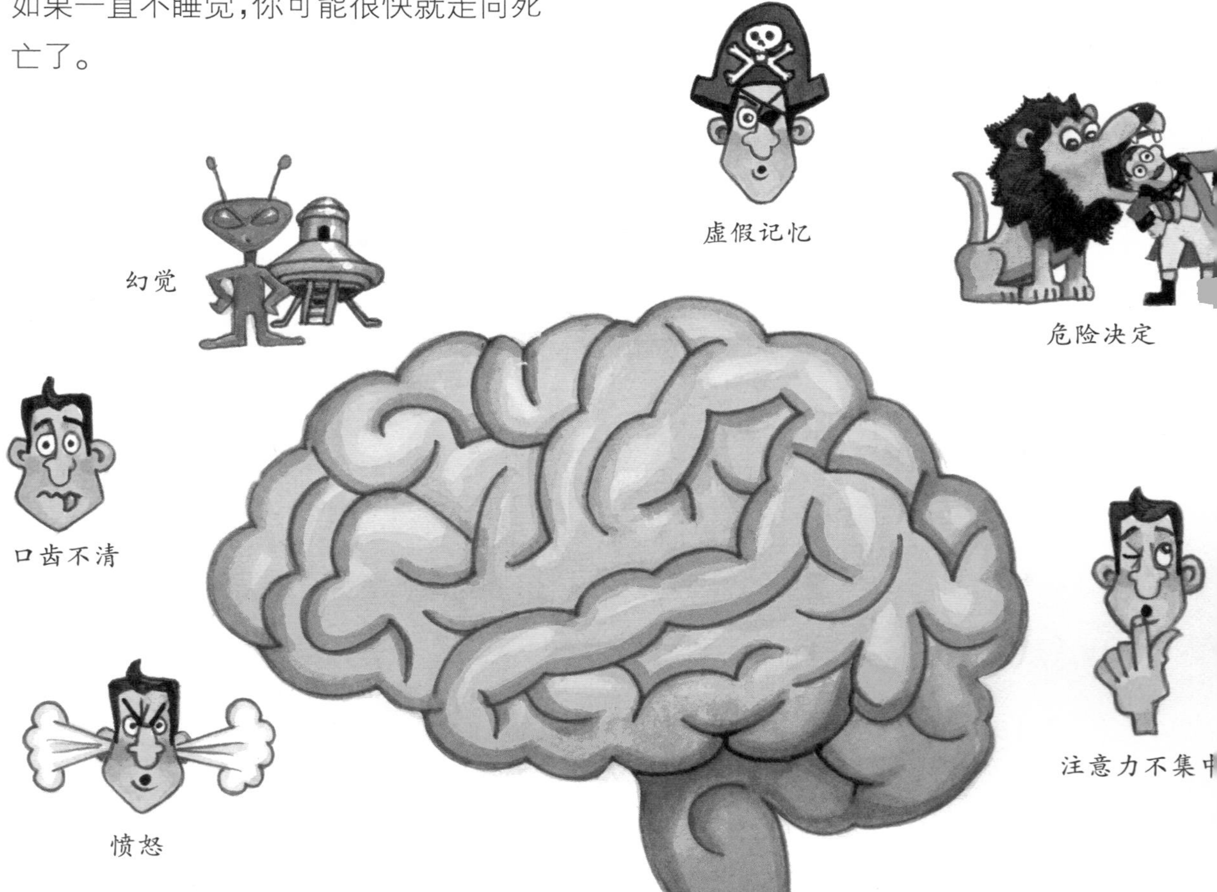

在电影院**打盹**不会有危害，但如果你在开车或是操作机器时，打盹便会成为致命错误。每年大约有10万起车祸是因为司机开车时睡着所致。很多事故发生在春天和秋天，因为那时人们的生物钟受到了影响。

原来如此！
如果你睡眠不足，身体就会释放一种化学物质，使你产生强烈的食欲，想吃富含盐和糖的不健康快餐食品。

1994年3月在美国加利福尼亚，驾驶轻型卡车的司机睡着了而发生车祸，导致**12人死亡**。

2001年2月，一名缺乏睡眠的司机将车开上铁路，导致英国北约克郡铁路灾难。灾难中有10人丧生，其中包括两列火车的司机，还有82人重伤。

科学家现在发现，**睡眠太少**还会导致一些严重的健康问题，例如高血压、癌症、心脏病、肥胖症和糖尿病。

睡眠严重不足

睡眠不足的人很容易被辨别出来：懒惰，行动迟缓，头脑发晕。他们的大脑运转减慢，尽管身体肌肉仍然能照常工作，但身体功能却会受影响。你可以想象到，在极度昏昏欲睡时，做困难或是危险的工作真的很糟糕！在晚上工作时，人们受伤的可能性会增加30%。世界上有些人为的大灾难也与睡眠不足有关，1986年发生在乌克兰切尔诺贝利的核电站事故便是如此。当时那些疲倦的工程师犯了错，导致一场巨大的爆炸，这是历史上最严重的核电站事故。因致命的核辐射污染，有31人死亡，另外还有数千人被辐射！

20世纪20年代的**舞**
马拉松比赛，是看谁能
续跳舞跳得最久。有些
赛允许两个舞伴中有一
睡觉，另一人继续跳。芝
哥的一对舞伴跳了215天
创下世界纪录！

尝试一下!

你睡觉时，大脑细胞中有一部分总是处于警觉状态，那就是你的听觉神经！人们听到特别的声音更容易醒来,例如小孩的哭声或是狗叫声。

流行音乐主持人彼得·特里普尝试将近8天半的时间不睡觉。在3以后，他便开始歇斯底里地大。5天后,他开始出现幻觉,看见鼠和猫在房间里你追我赶!

不准人睡觉是一种古老的刑。在16世纪,受指控为巫婆人被强迫连续数日不准睡觉。不奇怪,最后她们就会讲一些行或是变成动物的故事!

在第二次世界大战中，**苏联士兵**使用扩音器夜以继日地播放音乐，这使他们的敌人因缺乏睡眠而变得虚弱!

1989年，**一艘邮轮**在美国阿拉斯加搁浅,溢出1100万加仑(约合41640立方米)石油。当时掌管邮轮的船长两天里只睡了6小时!

未来的睡眠

当今世界，人们晚上和白天一样繁忙。因为有了电灯，超市永不关门，电脑把世界各地的员工紧密相连。在繁华的大都市，通勤火车上总是挤满了人，他们满脸痛苦，哈欠连天——超级忙碌成为事业有成的象征。众所周知，担任过多年英国首相的撒切尔夫人每晚只睡4小时，而比尔·克林顿在美国总统任上时一晚只睡5~6小时。我们都期待未来的睡眠时间越来越少吗？

据说9世纪时，埃塞俄比亚的一个牧羊人偶然发现了咖啡，因为他放牧的山羊吃了野生咖啡豆后变得异常兴奋。1000多年后，当今坐办公室的员工常常靠喝咖啡来保持头脑清醒。

越来越多的人在饱受时差的折磨，这是长时间坐飞机后产生的疲倦和困惑感。你会发现身体难以适应新的时区。

科学家发现了可以控制浅层睡眠的基因。想象一下，一种新型士兵可以长时间执行任务，却不会打瞌睡，也不会注意力涣散。

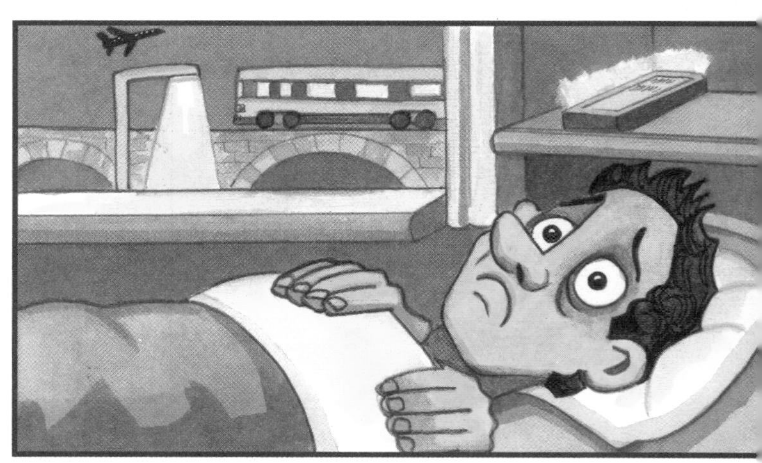

重要提示！

不要在睡觉前吃饼干和蛋糕，因为这些食物中含有糖分，提供的热量会妨碍睡眠。可以吃根香蕉代替它们，香蕉中含有放松肌肉的化学物质！

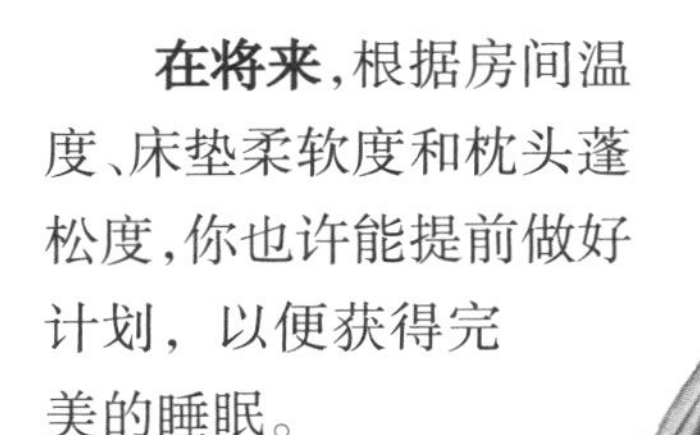

分两段时间睡觉的模式在17世纪就越来越少见了，因为那时很多欧洲城市晚上开始点上了灯。但有些科学家认为，回归以前的睡觉模式能有助于减少现代生活压力！

在将来，根据房间温度、床垫柔软度和枕头蓬松度，你也许能提前做好计划，以便获得完美的睡眠。

美国国家航空航天局正在做实验，以求减缓人类身体新陈代谢的速度，如果成功，就能让飞向遥远火星的宇航员在途中进入“超级睡眠”状态。

睡个好觉！

人们所需的睡眠时间随年龄的增长而改变。新生儿每天睡16~18小时；1岁时每夜睡10~12小时，白天则小睡3~5小时；上小学后，儿童不再小睡；随着年龄增长，睡眠时间则更少，11岁的儿童一天睡8~9小时。

很多人都会认可这种想法：最惬意的事情就是睡一晚好觉。在学校度过了紧张的一天？运动后很疲倦？睡个长长的好觉可以应对这一切。第二天醒来时，你会觉得平静、精神焕发，准备好做任何事情。你绝对不愿过没有好睡眠的日子！

你应该：

- 尝试每天在同一时间睡觉和起床。
- 定期锻炼。
- 保持卧室安静、幽暗和凉爽。
- 睡觉前做点放松自己的事。

你不该：

- 在卧室看电视或使电脑。
- 睡觉前与人争执。
- 睡觉前太饿或是太
- 白天小睡超过20分

十几岁的青少年要到凌晨一点，身体中才产生褪黑素（睡眠激素），而成年人则是晚上10点开始产生，这便是青少年很难早睡的原因。但他们仍然需要8~9小时的睡眠时间，如果必须很早去学校上学，毫无疑问就会睡眠不足，这便是他们需要在周末补觉的原因！

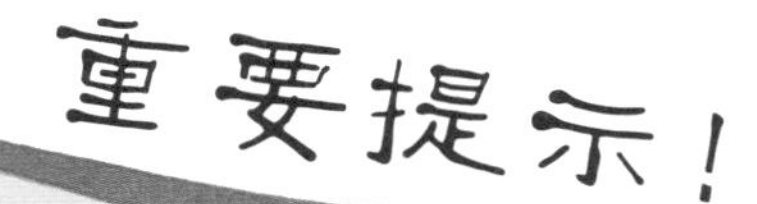

碳酸饮料含有咖啡因，例如可乐、冰茶或能量饮料便是如此，它们所含的咖啡因常常与半杯咖啡相等。下午大约5点后就坚持只喝水或是牛奶，这能保证你一夜好睡。

随着年龄增长，我们的睡眠时间减少，快速眼动睡眠时间也减少了。老年人常常在夜里醒过来，自然就变成了早起的鸟儿，早上很早就起床了。

阿尔伯特·爱因斯坦总是一夜睡10小时。有一次，他梦见自己乘雪橇迅速滑下高山。醒来后，这个梦帮助他创立了相对论，这个理论描述物体运动达到光速后所产生的结果。

很多艺术家和作家也曾从梦境中得到灵感。英国小说家罗伯特·路易斯·斯蒂文森幼时常常做噩梦。成年后，他依据那些梦境创作出著名的恐怖小说《化身博士》。

术语表

Ammonia **氨** 一种散发恶臭的物质，用于使人清醒。

Ancestor **祖先** 家族中以前逝去的人。

Body clock **生物钟** 身体中的自然系统，控制你身体睡觉和吃饭的时间。

Caffeine **咖啡因** 在茶叶和咖啡豆中发现的自然化学物质，可以提神。

Circadian rhythm **昼夜节律** 一种科学术语，用来描述24小时内睡觉与清醒的周期。

Diabetes **糖尿病** 一种疾病，患者的身体不能控制血液中的糖分含量。

Early bird **早起的鸟儿** 一种昵称，指早睡早起的人。

Electroencephalograph (EEG) **脑电图仪** 一种仪器，用于记录脑细胞交流时的脑电活动。

Glands Organs **腺体器官** 在身体中释放化学物质(称为激素)到血液中的器官。这些化学物质告诉身体如何运转或是生长也能帮助身体抵抗疾病。

Hibernation **冬眠** 有些动物在冬天会进入沉睡状态。身体像停工了一样：呼吸减缓，体温下降，仅略高于零度。

Hypnagogic dreaming **睡前梦** 半睡半醒时做的梦，常常是早晨发生的第一件事。

Jet lag **飞机时差反应** 长时间坐飞机跨越时区所产生的困倦或不舒适感。

Lucid dream **清醒梦** 能意识到自己在做梦的任何梦境。

Melatonin **褪黑素** 夜晚身体释放的一种催眠化学物质。

Microsleep **微睡眠** 很短的打盹，时间从几秒到几分钟不等。

Mucus **黏液** 耳朵、鼻子或喉咙等身体部位产生的黏滑物质。

NASA (National Aeronautics and Space Administration) **美国国家航空航天局** 美国航天机构，做过的最著名之事是将宇航员首次送上月球。

Nerve cells **神经细胞** 神经系统的细胞，为大脑和身体各部位之间传递信息。

Nightmare **噩梦** 糟糕或恐怖的梦。

Night owl **夜猫子** 一种昵称,指晚睡晚起的人。

Power nap **有效的打盹** 很短的睡眠,有助于人们焕发精神。

Rapid Eye Movement (REM) **快速眼动睡眠** 睡眠周期的一部分,在这个阶段,眼球在眼睑下快速转动,人们还常常会做梦。

Safety coffin **安全棺材** 19世纪建造的一种特别棺材,里面装有报警系统,以便误被活埋的人苏醒后可以呼救。

Sleep deprivation **睡眠缺乏** 睡眠时间不够。

Sleep paralysis **睡眠麻痹** 大脑中的化学物质使人的肌肉僵硬或麻痹，时间从几秒到几分钟不等。

Sleepwalking **梦游症** 在睡觉时走路、吃东西或有其他奇怪举动。

常用睡眠短语

Sleepyhead **瞌睡虫** 需要睡觉的疲乏之人。

Sleep like a log **睡得像死猪一样** 睡得很沉。

40 winks **打盹** 很短的睡眠。

Nodding off **垂头打瞌睡** 如果你身体坐直着睡觉，随着颈部肌肉放松，头就会低垂，然后大脑会让你苏醒，头又会抬起来。

Rise and shine **起床喜洋洋** 从睡眠中醒过来后感觉开心快乐。

Sleep a wink **合眼** 如果你没有合眼，意味着你一点儿都没睡。

Sleep like a baby **睡得像婴儿** 睡得很好。

Hit the hay **倒在稻草上** 俚语，指上床睡觉，在20世纪早期，很多床垫仍然是用稻草做填充物。

Good night, sleep tight, don't let the bedbug bite! **晚安，美美睡一觉，不要让臭虫咬！** 臭虫是很小的昆虫，喜欢咬入睡之人和动物的皮肤。据说，短语"美美睡一觉"起源于床垫是由绳子支撑的时候，那时绳子需要绷得紧紧的（英语单词tight的意思为"绷紧的"），这样床铺才会有弹性。

Early to bed, early to rise, keeps a man healthy, wealthy and wise **早睡早起，使人健康、富裕又聪明** 传统谚语。

Clinomania **恋床癖** 科学术语，指那些想整天待在床上的人。

The scratcher **痒痒挠** 爱尔兰人对床的常用称呼。在以前，人们晚上睡觉时常常被床上的臭虫咬，醒过来时要在身上挠痒痒。

几大睡眠神话及传说

墨菲斯和佛贝托尔　古希腊人认为墨菲斯是睡神修普诺斯之子，他会进入人们的梦境，传达主神宙斯以及诸神的旨意。他的弟弟佛贝托尔则会给人带来噩梦。

睡美人　因为受到女妖诅咒，有位公主在被纺锤刺了一下手指后陷入沉睡。100年以后，终于来了一位王子，他亲吻了她，公主便醒过来了。

瑞普·凡·温克尔　有很多古老传说都讲述传奇人物睡了数百年，他们睡觉的地方常常是在偏僻的山洞里。美国作家华盛顿·欧文就写过这样一篇著名小说。瑞普·凡·温克尔在山中睡了20年，等他醒过来回到家，发现孩子已经长大成人，而他位于纽约的家已经属于一个新国家——美利坚合众国。

睡仙　据民间传说，睡仙是温柔的睡梦精灵，他往孩子眼里撒沙子使他们入睡，并带往梦乡：那沙子便是每天早晨我们眼角发现的“睡尘”。不过，这个故事还有另一个可怕的版本，睡仙往不愿意睡觉的孩子眼里撒沙子，这使得那些孩子的眼睛掉出来！

貘　在日本传说中，貘是长得像猪一样的动物精灵，口鼻部很长。它会半夜到人们家里去，吃掉他们睡觉时做的噩梦，保护他们不被困扰！

恶魔玛拉（Mara）　在德国传说中，恶魔玛拉是你睡觉时坐在你家衣柜上的邪恶精灵，把你的各种梦都变成噩梦。事实上，Mara这个德语单词在英语中的对等语是“mare”（引起梦魇的魔鬼），英语单词“nightmare”（噩梦）就源于mare这个词。

你知道吗？

• 不睡觉的最长时间记录是18天21小时40分钟，是有人在摇椅上连续不断晃动产生的。

• 大象在非快速眼动睡眠阶段是站着的，但在快速眼动睡眠阶段则会躺下。

• 在抚育新生儿成长的第一年里，父母通常会失去400~750小时的睡眠时间。

• 数字闹钟发出的微弱光线就足以打乱我们的睡眠周期。

• 要确定一个人是不是真的醒着，只有依靠严密的医疗检测手段，因为我们可以睁着眼睛打瞌睡，甚至连自己都意识不到这一点。

• 法国小说家奥诺雷·德·巴尔扎克创作小说时，每天要喝50杯咖啡，几乎一直不睡觉。

• 一个人如果睡在有吸血臭虫的床上，一夜可能会被咬500次左右。

• 床上的任何地方都有可能出现尘螨，数量可以在10万至1000万不等。它们靠吃人身上死亡的皮肤细胞为生。

• 据说英国前首相温斯顿·丘吉尔每天要睡到午餐时间，只有国家危机出现才能使他提前起床！

• 世界上最昂贵的床名叫“Baldacchino Supreme”，造价630万美元，床上使用了90千克黄金作装饰，这样的床世上只有2张。

致　　谢

“身边的科学真好玩”系列丛书在制作阶段，众多小朋友和家长集思广益，奉献了受广大读者欢迎的书名。在此，特别感谢蒋子婕、刘奕多、张亦柔、顾益植、刘熠辰、黄与白、邵煜浩、张润珩、刘周安琪、林旭泽、王士霖、高欢、武浩宇、李昕冉、于玲、刘钰涵、李孜劼、孙青倩、邓杨喆、刘鸣谦、赵为之、牛梓烨、杨昊哲、张耀尹、高子棋、庞晨颜、崔晓希、刘梓萱、张梓绮、吴怡欣、唐韫博、成咏凡等小朋友。

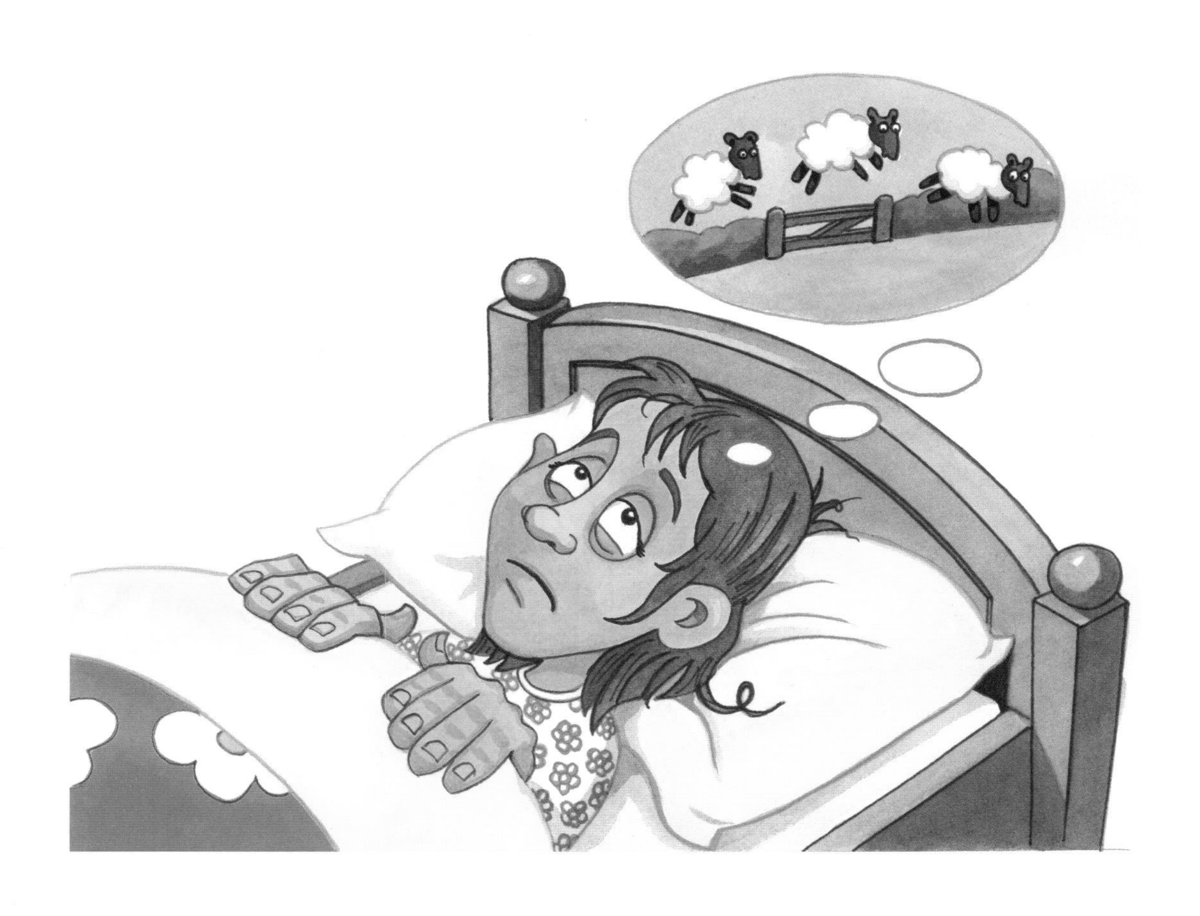